もくじ

学校図書版
小学校算数
4年　準拠

JN085512

教科書の内容

教科書 下

教科書 ⊕ 13～21 ページ

月　　日

1　数の表し方やしくみを調べよう
❶ 大きい数　❷ 整数のしくみ
❸ 大きい数の計算

⏱10分

／100点

1▶ 次の数について答えましょう。　　　　　　　　　1つ10〔30点〕

432615900000000

❶　次の数字が書いてある位は、何の位ですか。

㋐　9（　　　　　　）の位　　　㋑　6（　　　　　　）の位

❷　上の数の読み方を漢字で書きましょう。

（　　　　　　　　　　　　　　　　　　　　　　　）

2▶ 次の □ にあてはまる数を書きましょう。　　　　　　1つ6〔30点〕

❶　530億を10倍した数は〔　　　　〕億、100倍した数は

〔　　〕兆〔　　　　〕億、1000倍した数は〔　　　　〕兆です。

❷　6800億を $\frac{1}{10}$ にした数は〔　　　　〕億です。

3▶ 次の数を数字で書きましょう。　　　　　　　　　　1つ10〔40点〕

❶　四億六千八百九十三万　　　　（　　　　　　　　　）

❷　二十兆九百四億二十万三百　　（　　　　　　　　　）

❸　1兆を6こと、1億を320こ　（　　　　　　　　　）
　　合わせた数

❹　1億を40350こ集めた数　　　（　　　　　　　　　）

1 数の表し方やしくみを調べよう

❶ 大きい数　❷ 整数のしくみ
❸ 大きい数の計算

／100点

1 次の数の読み方を漢字で書きましょう。　　　　　　　1つ10〔20点〕

❶ 8035208900000 （　　　　　　　　　　　）

❷ 3004009620000580 （　　　　　　　　　　　）

2 180億、220億を表す目もりに、↑をかきましょう。1つ10〔20点〕

0　　　　　　　　　100億　　　　　　　　200億

├─┴─┴─┴─┴─┴─┴─┴─┴─┴─┴─┴─┴─┴─┴─┴─┴─┴─┤

3 次の2つの数の大小を、不等号を使って表しましょう。1つ5〔10点〕

❶ 2680700000 ☐ 2683100000

❷ 7兆500億 ☐ 7兆50億

4 0から9までの10この数字を全部使って、10けたの整数を作ります。いちばん大きい位の数が4である整数の中で、いちばん小さい数を書きましょう。　　　　　　　　　　　　　〔10点〕

（　　　　　　　　　　　　　）

5 次の計算をしましょう。　　　　　　　　　　　1つ10〔40点〕

❶ 317兆＋526兆　　　　❷ 825億−309億

❸ 473億×5　　　　　　❹ 560兆÷7

答えは
65ページ

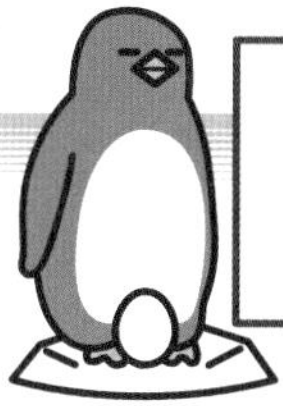

きほん 2

教科書 [上] 26～32 ページ　　月　　日　　10分

2　変わり方がわかりやすいグラフを調べよう

❶ 折れ線グラフ　❷ 折れ線グラフのかき方
❸ 折れ線グラフのくふう

／100点

1 右の折れ線グラフは、ある日の気温の変わり方を表したものです。　1つ14〔70点〕

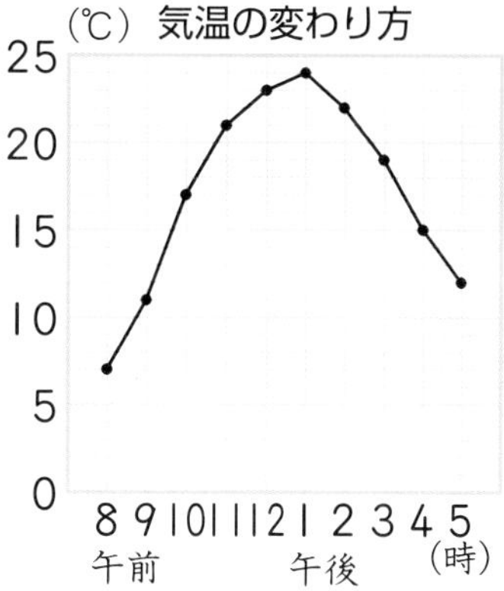

❶ 横のじくは何を表していますか。

(　　　　　　　)

❷ 午前 10 時の気温は、何℃ですか。

(　　　　　　　)

❸ 気温が 11℃だったのは、何時ですか。

(　　　　　　　)

❹ 気温がいちばん高いのは、何時で、何℃ですか。

(　　　　　、　　　　　)

❺ 気温が 2℃下がっているのは、何時から何時の間ですか。

(　　　　　　　)

2 下の㋐～㋔の図は、気温の変わり方を表した折れ線グラフの一部です。　1つ10〔30点〕

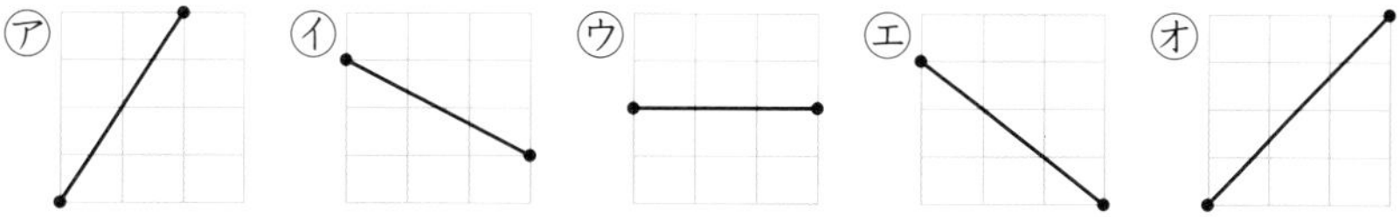

❶ 下がり方がいちばん大きいのはどれですか。　(　　　)

❷ 上がり方がいちばん大きいのはどれですか。　(　　　)

❸ 変わらないのはどれですか。　(　　　)

答えは 65ページ

2　変わり方がわかりやすいグラフを調べよう
❶ 折れ線グラフ　❷ 折れ線グラフのかき方
❸ 折れ線グラフのくふう

／100点

1 まおさんは、1日の気温の変わり方を調べました。　1つ25〔75点〕

1日の気温の変わり方

時こく（時）	午前7	8	9	10	11	12	午後1	2	3	4
気温（℃）	15	18	20	21	24	25	27	26	26	23

❶ 1日の気温の変わり方を折れ線グラフに表しましょう。

（℃）（　　　　　　　）

```
7 8 9 10 11 12 1 2 3 4 （時）
午前        午後
```

❷ いちばん高い気温といちばん低い気温の差は何℃ですか。

（　　　　　　　）

❸ 気温が変わっていないのは、何時から何時の間ですか。

（　　　　　　　）

2 次の㋐〜㋒の中で、折れ線グラフに表した方がよいのはどれですか。
〔25点〕

㋐　同じ日に調べた学校別の小学生の数
㋑　毎月1日に調べた自分の体重
㋒　同じ日に調べた何人かの子どもの体重

（　　　　　　　）

答えは
65ページ

3 見つけたきまりをくわしく調べよう

❶ わり算のきまり
❷ 何十、何百のわり算

／100点

1 □にあてはまる数を書きましょう。　1つ15〔30点〕

❶ 45 ÷ 3 ＝ 15
　↓ ㋐×□　↓ ㋑×□
　90 ÷ 6 ＝ ㋒□

❷ 100 ÷ 5 ＝ 20
　↓ ㋐÷□　↓ ㋑÷□
　20 ÷ 1 ＝ ㋒□

2 □にあてはまる数を書きましょう。　1つ15〔30点〕

❶ 27÷3 ＝ 9
　↓ ㋐×□　↓ ㋑÷□
　27÷9 ＝ ㋒□

❷ 56÷8 ＝ 7
　↓ ㋐÷□　↓ ㋑×□
　56÷4 ＝ ㋒□

3 次の計算をしましょう。　1つ5〔20点〕

❶ 40÷2　　❷ 120÷4

❸ 200÷5　　❹ 1500÷3

4 800 まいのカードを、4 人で同じ数ずつ分けます。1 人分は、何まいになりますか。　1つ10〔20点〕

【式】

答え（　　　）

答えは 65ページ

3　見つけたきまりをくわしく調べよう
❶ わり算のきまり
❷ 何十、何百のわり算

/100点

1 わり算のきまりを使って、□にあてはまる数を求めましょう。

1つ10〔40点〕

● $36 \div 6 = 18 \div \boxed{}$

❷ $25 \div 5 = \boxed{} \div 15$

❸ $640 \div 80 = 64 \div \boxed{}$

❹ $200 \div 25 = \boxed{} \div 50$

2 □にあてはまる数を書きましょう。

1つ10〔20点〕

● $4200 \div 600 = 42 \div \boxed{}$

$= \boxed{}$

❷ $225 \div 25 = \boxed{} \div 100$

$= \boxed{}$

3 1800 このおはじきを、同じ数ずつ分けます。

1つ10〔40点〕

● 3 クラスで分けると、I クラス分は何こになりますか。

【式】

答え（　　　　　　　　　）

❷ 6 クラスで分けると、I クラス分は何こになりますか。

【式】

答え（　　　　　　　　　）

答えは
65ページ

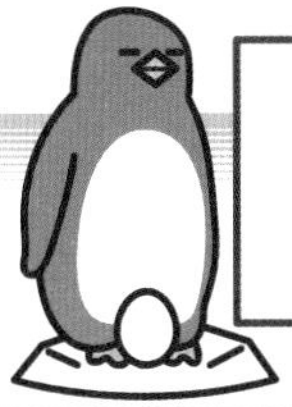

きほん
4

教科書 [上] 47〜58 ページ　　月　日

10分

4　角の大きさのはかり方やかき方を考えよう

❶ 角の大きさ　❷ 回転の角の大きさ　❸ 角のはかり方　❹ 角のかき方　❺ 三角じょうぎの角

／100点

1 次の㋐〜㋗の角度をはかりましょう。　1つ10〔80点〕

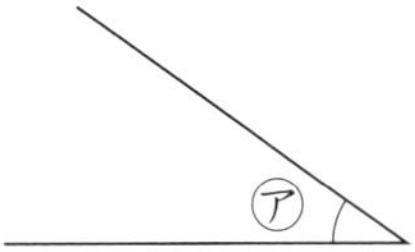

（　　　）

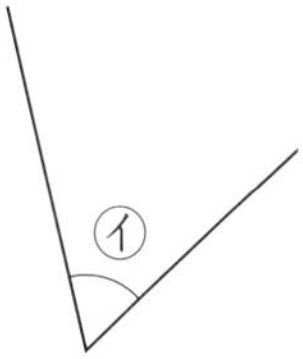

（　　　）

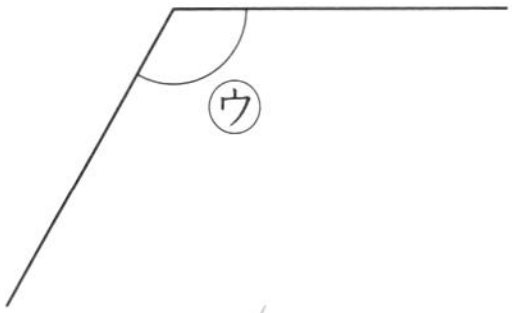

（　　　）

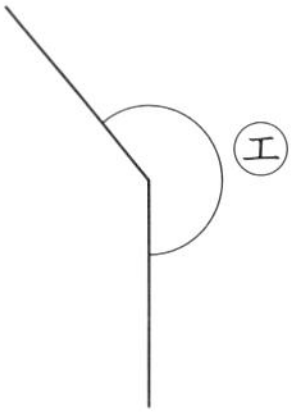

（　　　）

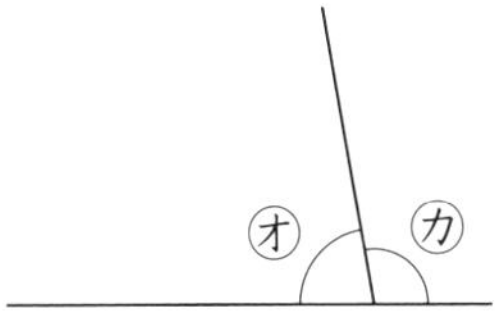

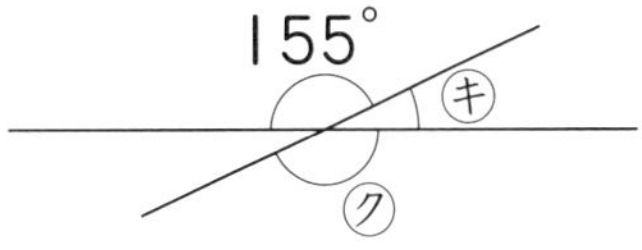

㋔（　　　）　㋖（　　　）

㋕（　　　）　㋗（　　　）

2 点アを角の頂点（ちょうてん）として、20°の大きさの角をかきましょう。〔20点〕

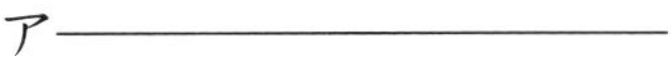

[答えは 66ページ]

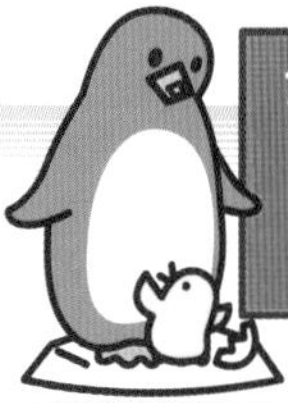

かくにん 4

月　　日

10分

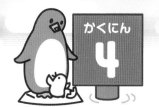

4　角の大きさのはかり方やかき方を考えよう

❶ 角の大きさ　❷ 回転の角の大きさ　❸ 角のはかり方　❹ 角のかき方　❺ 三角じょうぎの角

／100点

1 次の角度をはかりましょう。　1つ10〔20点〕

① 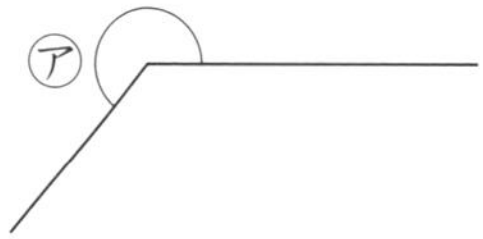

（　　　）

② 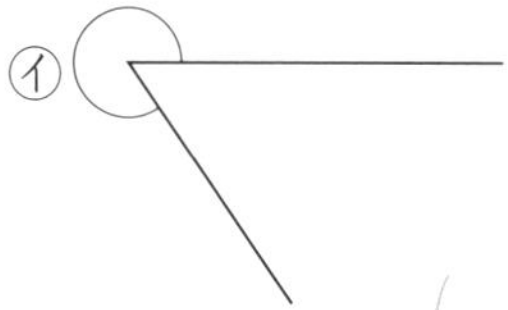

（　　　）

2 点アを角の頂点(ちょうてん)として、200°の大きさの角をかきましょう。　〔25点〕

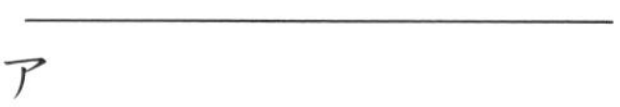

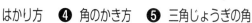

ア

3 次のような三角形をかきましょう。　〔25点〕

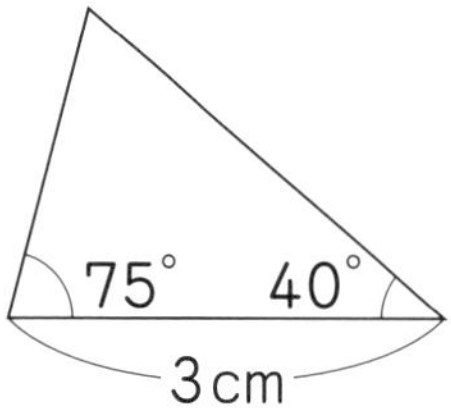

4 三角じょうぎを、次のように組み合わせました。[ア]～[ウ]の角度を求(もと)めましょう。　1つ10〔30点〕

① 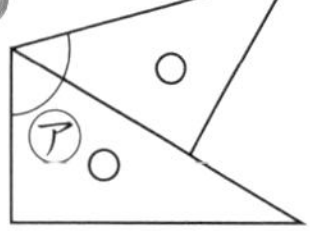

② 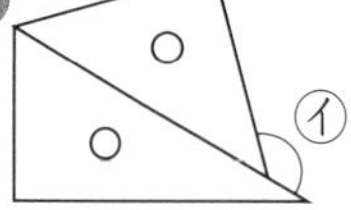

③ 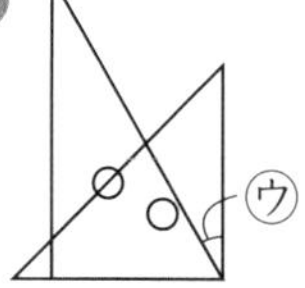

（　　　）　（　　　）　（　　　）

答えは 66ページ

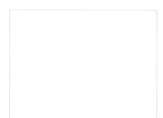

5　くふうして計算のしかたを考えよう

／100点

1　64 このおはじきを 4 人で等しく分けるとき、1 人分のおはじきの数を求める式は 64÷4 です。64÷4 の計算のしかたについて、次の《1》〜《3》の □ にあてはまる数を書きましょう。

1つ20〔60点〕

《1》　右の図のように、64 の ● を 8×8 の形にならべて、4 つに分けると、答えは

□ が 2 つ分で、8×2＝ □

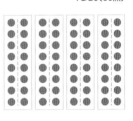

《2》　64 を 2 つに分けると □

32÷4＝8 より、答えは □ が

2 つ分で、□ ×2＝ □

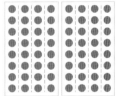

《3》　64＝40＋ □　　40÷4＝10

□ ÷4＝ □ なので、答えは、10＋ □ ＝ □

2　次の計算をしましょう。

1つ10〔40点〕

❶　42÷3

❷　92÷4

❸　84÷7

❹　96÷8

かくにん 5

5　くふうして計算のしかたを考えよう

／100点

1 54÷3 の計算のしかたについて考えます。次の□にあてはまる数を書きましょう。

1つ10〔20点〕

❶ 54
　⟨
　ᵃ□ ÷3= 10
　　24 ÷3= ⁱ□
　⟹　10+ ᵘ□ = ᵉ□

❷ 54÷3= ⁱ□
　　↑÷2　↑×
　54÷6= 9　　ᵃ□
　⟹　9×2= ᵘ□

2 6L3dL の油を 3 つの入れ物に等しく分けて入れます。1 つ分は、何 dL になりますか。

1つ10〔20点〕

【式】

答え（　　　　　　　）

3 次の計算をしましょう。

1つ10〔60点〕

❶ 72÷6

❷ 48÷4

❸ 77÷7

❹ 84÷6

❺ 96÷6

❻ 78÷6

答えは 66ページ

月　　　日

6 筆算のしかたを考えよう
❶ 商が１けたのわり算
❷ 商が２けたのわり算

10分

／100点

1 次の計算を筆算でしましょう。また、答えのたしかめをしましょう。

1つ6〔48点〕

❶ 64÷8

❷ 57÷6

たしかめ（　　　　　　　）　　たしかめ（　　　　　　　）

❸ 24÷6

❹ 19÷7

たしかめ（　　　　　　　）　　たしかめ（　　　　　　　）

2 次の計算をしましょう。

1つ6〔36点〕

❶ 3)87

❷ 7)74

❸ 5)85

❹ 2)51

❺ 4)76

❻ 9)97

3 みかんが87こあります。１箱に７こずつ入れると、何箱できて、何こあまりますか。

1つ8〔16点〕

【式】

答え（　　　　　　　）

6　筆算のしかたを考えよう
❶ 商が１けたのわり算
❷ 商が２けたのわり算

／100点

1 次の計算をしましょう。　　　　　　　　　　　1つ6〔36点〕

① 6)94
② 4)56
③ 9)95

④ 3)65
⑤ 8)98
⑥ 5)71

2 次の計算を筆算でしましょう。また、答えのたしかめをしましょう。　　　　　　　　　　　　　　　　　　1つ6〔48点〕

① 30÷5
② 53÷7

たしかめ(　　　　　)　たしかめ(　　　　　)

③ 39÷2
④ 70÷9

たしかめ(　　　　　)　たしかめ(　　　　　)

3 96 ページの本を、１日に７ページずつ読みます。読み終わるまでに何日かかりますか。　　　　　　1つ8〔16点〕

【式】

答え(　　　　　)

答えは
66ページ

きほん **7**

6　筆算のしかたを考えよう
❸ （3けた）÷（1けた）の計算
❹ （3けた）÷（1けた）＝（2けた）の計算

／100点

1 次の計算をしましょう。　　　　　　　　　　　1つ8〔48点〕

① 7〉945　　　② 4〉816　　　③ 5〉574

④ 4〉184　　　⑤ 6〉447　　　⑥ 8〉517

2 次の計算をしましょう。また、答えのたしかめをしましょう。

① 681÷2　　　　② 472÷7　　　　1つ4〔32点〕

たしかめ（　　　　　　）　　たしかめ（　　　　　　）

③ 723÷9　　　　④ 565÷5

たしかめ（　　　　　　）　　たしかめ（　　　　　　）

3 シールが452まいあります。6人で同じ数ずつに分けると、1人分は何まいで、あまりは何まいですか。　　　1つ10〔20点〕

【式】

答え（　　　　　　　　　　　）

答えは
66ページ

6 筆算のしかたを考えよう

❸ (3けた)÷(1けた)の計算

❹ (3けた)÷(1けた)=(2けた)の計算

/100点

1 次の計算をしましょう。

1つ8〔48点〕

① 2)336

② 8)967

③ 4)489

④ 7)189

⑤ 3)259

⑥ 5)324

2 次の計算をしましょう。また、答えのたしかめをしましょう。

① 655÷6

② 759÷9

1つ6〔24点〕

たしかめ（　　　　　　　　　）　　たしかめ（　　　　　　　　　　　）

3 お楽しみ会で、168人の子どもが、同じ人数ずつに分かれて
ゲームをします。

1つ7〔28点〕

① 一組6人ずつに分かれると、6人の組は、何組できますか。

【式】

答え（　　　　　　　）

② 8つの組に分かれると、一組の人数は何人になりますか。

【式】

答え（　　　　　　　）

答えは
66ページ

きほん
8

教科書 [上] 80〜82 ページ　　月　　日　10分

7 表のまとめ方を考えよう
❶ 表の整理
❷ しりょうの整理

／100点

1 右の表は、学校で起きたけがの記録(きろく)です。けがをした場所とけがの種類(しゅるい)の2つに目をつけて、下の表にその人数を書き入れましょう。〔40点〕

けがをした場所とけがの種類　（人）

種類＼場所	すりきず	切りきず	つき指	打ち身	ねんざ	合計
教室	一 ｜					
ろうか						
体育館						
校庭						
合計						㋐

けがをした人の記録

学年	場所	種類
3	体育館	打ち身
2	ろうか	すりきず
3	校　庭	すりきず
1	教　室	すりきず
4	校　庭	切りきず
3	校　庭	ねんざ
3	校　庭	つき指
2	体育館	すりきず
5	体育館	つき指
1	ろうか	すりきず
6	校　庭	打ち身
5	体育館	すりきず
3	校　庭	すりきず
6	教　室	切りきず
4	校　庭	すりきず
1	体育館	ねんざ
4	校　庭	打ち身
6	教　室	切りきず
2	体育館	つき指
5	ろうか	つき指
5	体育館	すりきず
3	ろうか	打ち身
2	ろうか	打ち身
6	教　室	切りきず
6	教　室	つき指
6	校　庭	すりきず
6	体育館	ねんざ
4	校　庭	すりきず

2 **1** でまとめた表を見て、次の問題に答えましょう。1つ20〔60点〕

❶ どこで起きたけがが、いちばん多いですか。

（　　　　）

❷ いちばん多いけがの種類は何ですか。

（　　　　）

❸ 右下の㋐に入る数は、何を表していますか。

（　　　　）

答えは
67ページ

教科書 ㊤ 80～82 ページ

月　　日

10分

7　表のまとめ方を考えよう

❶ 表の整理

❷ しりょうの整理

／100点

1 下の表は、犬とねこについて好(す)きかきらいかを調べたものです。

1つ25〔100点〕

犬、ねこの好ききらい調べ　　○…好き、×…きらい

名前	犬	ねこ
ひろし	○	○
ゆかり	×	○
のりお	×	×
みき	○	×
やす子	○	×
じろう	○	○
りか	×	○
けい子	×	×

名前	犬	ねこ
ゆうた	×	○
まさお	○	○
ゆみ子	×	○
よしお	○	×
みか	○	○
けんじ	×	○
ひさし	○	×
よう子	×	×

❶　右の表の㋐に入る数は、何を表していますか。

(　　　　　　　　　　)

❷　右の表の㋔に入る数は、何を表していますか。

(　　　　　　　　　　)

❸　右の表の㋗に入る数は、何を表していますか。

(　　　　　　　　　　)

❹　右の表を完成(かんせい)させましょう。

犬、ねこの好ききらい調べ（人）

<table>
<tr><td colspan="2" rowspan="2"></td><td colspan="2">犬</td><td rowspan="2">合計</td></tr>
<tr><td>○</td><td>×</td></tr>
<tr><td rowspan="2">ねこ</td><td>○</td><td>㋐</td><td>㋑</td><td>㋒</td></tr>
<tr><td>×</td><td>㋓</td><td>㋔</td><td>㋕</td></tr>
<tr><td colspan="2">合計</td><td>㋖</td><td>㋗</td><td>㋘</td></tr>
</table>

答えは
67ページ

8　筆算のしかたを考えよう
❶ 何十でわるわり算
❷ 2けたでわるわり算⑴

／100点

1 次の計算をしましょう。

1つ6〔78点〕

❶ 80÷40

❷ 440÷80

❸ 150÷30

❹ 380÷40

❺ 13)39

❻ 32)67

❼ 24)98

❽ 27)93

❾ 15)77

❿ 29)86

⓫ 43)309

⓬ 54)464

⓭ 24)161

2 おはじきが363こあります。このおはじきを1人に45こずつ分けると、何人に分けられて、何こあまりますか。　　1つ11〔22点〕

【式】

答え(　　　　　　　　　　　)

教科書 ⊕ 89〜95 ページ 　　月　　日

8 筆算のしかたを考えよう

❶ 何十でわるわり算

❷ 2けたでわるわり算(1)

／100点

1 次の計算をしましょう。　　　　　　　　　　　1つ8〔64点〕

❶ 80÷50　　　　　　　❷ 360÷40

❸ 17)87

❹ 28)65

❺ 74)281

❻ 43)402

❼ 29)230

❽ 52)312

2 1さつ90円のノートがあります。600円で、このノートは何さつ買えて、何円あまりますか。　　　　1つ9〔18点〕

【式】

答え(　　　　　　　　　　　)

3 ある数を73でわったら、商が4であまりが1になりました。この数を57でわったときの答えを求めましょう。　　1つ9〔18点〕

【式】

答え(　　　　　　　　　　　)

答えは
67ページ

8 筆算のしかたを考えよう

❸ 2けたでわるわり算⑵

❹ わり算のくふう　❺ どんな式になるかな　／100点

1 次の計算をしましょう。　　　　　　　　　　1つ8〔48点〕

❶ 　23)575　　　　❷ 　14)652　　　　❸ 　53)901

❹ 　37)898　　　　❺ 　12)392　　　　❻ 　21)857

2 次の計算をしましょう。　　　　　　　　　　1つ8〔32点〕

❶ 513÷27　　　　　❷ 770÷16

❸ 479÷12　　　　　❹ 872÷416

3 りんごが全部で 36 こあります。3 箱に同じ数ずつ入れると、
1 箱分の数は何こになりますか。　　　　　1つ10〔20点〕

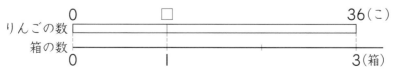

【式】

答え（　　　　　　）

答えは
67ページ

8　筆算のしかたを考えよう
❸ 2 けたでわるわり算⑵
❹ わり算のくふう　❺ どんな式になるかな ／100点

1 次の計算をしましょう。　　　　　　　　　1つ8〔48点〕

❶ 681÷14

❷ 991÷32

❸ 870÷58

❹ 943÷162

❺ 920÷27

❻ 533÷26

2 りんごが 285 こあります。このりんごを 13 この箱に同じ数ずつ入れると、1 箱は何こになって、何こあまりますか。　　1つ10〔20点〕

【式】

答え（　　　　　　　　　　　）

3 わり算のきまりを使って、くふうして計算をしましょう。

❶ 4900÷700

❷ 27000÷9000　　　1つ8〔32点〕

❸ 5800÷400

❹ 3100÷60

答えは
67ページ

9　四角形のせいしつを調べて仲間分けしよう

❶ 垂直

❷ 平行

／100点

⏱10分

1 次の図で、2本の直線が垂直なのはどれとどれですか。

1つ10〔20点〕

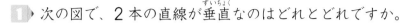

㋐　㋑　㋒　㋓

（　　　　　、　　　　　）

2 右の図で、直線㋐と垂直な直線はどれとどれですか。1つ15〔30点〕

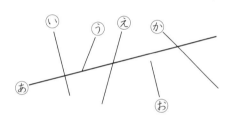

（　　　　　、　　　　　）

3 右の図の長方形で、辺 AB と平行な辺はどれですか。

〔20点〕

（　　　　　　　　　）

4 右の図の直線㋐〜㋕について、答えましょう。

1つ15〔30点〕

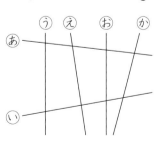

❶　平行になっている直線はどれとどれですか。

（　　　　　　　　　）

❷　2本の直線の間の長さがどこも等しくなっているのはどれとどれですか。

（　　　　　　　　　）

9　四角形のせいしつを調べて仲間分けしよう

❶ 垂直

❷ 平行

／100点

1 右の図の長方形で、辺 AB と垂直な辺はどれとどれですか。

1つ8〔16点〕

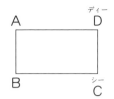

(　　　　、　　　　)

2 右の図のⓐ〜ⓔの直線のうち、直線ⓐと直線ⓘと直線ⓤはどれも平行です。ア〜ウの角度は何度ですか。

1つ8〔24点〕

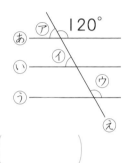

ア(　　　　)　イ(　　　　)　ウ(　　　　)

3 点アを通って、直線ⓐに垂直な直線をかきましょう。　1つ15〔30点〕

4 点アを通って、直線ⓐに平行な直線をかきましょう。　1つ15〔30点〕

答えは
67ページ

9　四角形のせいしつを調べて仲間分けしよう

❸　いろいろな四角形　❹　四角形の対角線

❺　四角形の関係　❻　しきつめもよう

／100点

1 右の図の四角形について
答えましょう。　1つ8〔24点〕

❶　㋐、㋑の四角形の名前
を書きましょう。

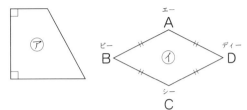

㋐（　　　　　　　　　）　㋑（　　　　　　　　　）

❷　㋑の四角形で、辺 AB に平行な辺はどれですか。

（　　　　　　　　　　　）

2 右の平行四辺形について答えましょ
う。　1つ13〔52点〕

❶　辺 AD、辺 CD の長さは何cmで
すか。　　　　辺 AD（　　　　　　　）

辺 CD（　　　　　　　）

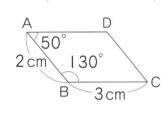

❷　角 C、角 D の大きさは何度ですか。

角C（　　　　　　　）　角D（　　　　　　　）

3 下の図のような平行四辺形をかきましょう。　〔24点〕

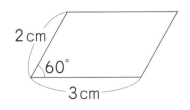

9　四角形のせいしつを調べて仲間分けしよう
❸ いろいろな四角形　❹ 四角形の対角線
❺ 四角形の関係　❻ しきつめもよう

／100点

1 右の図について答えましょう。　　　　　1つ20〔40点〕

❶　3つの点 A、B、C を頂点とする平
行四辺形は、全部でいくつかけますか。

（　　　　　）

A•

•C

❷　❶の平行四辺形のうち、AB と BC
を 2 辺とするものを、右の図にかき
ましょう。

B•

2 2 本の対角線が下の図のようになっている四角形は、何という
四角形ですか。　　　　　　　　　　　　　　1つ10〔30点〕

❶　　　　　　　❷　　　　　　　❸

（　　　　　）（　　　　　）（　　　　　）

3 右の図のように、長方形の紙を直線
あで切り分けます。　　　　1つ15〔30点〕

❶　何という四角形ができますか。

（　　　　　）

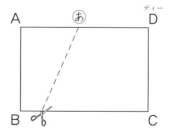

❷　四角形をうら返さないで、辺 AB が辺 DC と合うようにな
らべると、何という四角形ができますか。

（　　　　　）

答えは
68ページ

月　　　日

きほん **13**

10　およその数の表し方や計算のしかたを考えよう

❶ がい数の表し方
❷ 切り捨て・切り上げ

/100点

10分

1 右の表は、ある町の小学生の人数を表したものです。　　　　1つ8[40点]

東小学校	1212 人
西小学校	1286 人
南小学校	1308 人
北小学校	1132 人

❶ 四捨五入して百の位（くらい）までのがい数にしましょう。

　㋐　東小学校 （　　　　　　）

　㋑　西小学校 （　　　　　　）

　㋒　南小学校 （　　　　　　）

　㋓　北小学校 （　　　　　　）

❷　がい数にしても、人数のちがいがわかるようにするためには、何の位までのがい数にすればよいですか。（　　　　　　）

2 四捨五入して百の位までのがい数にしましょう。　　　　1つ6[18点]

❶ 2309　　　　　❷ 3283　　　　　❸ 1950

（　　　　）　　　（　　　　）　　　（　　　　）

3 四捨五入して千の位までのがい数にしましょう。　　　　1つ6[18点]

❶ 1673　　　　　❷ 4472　　　　　❸ 50932

（　　　　）　　　（　　　　）　　　（　　　　）

4 四捨五入して、上から1けたのがい数にしましょう。　　　　1つ8[24点]

❶ 38496　　　　　❷ 619765　　　　　❸ 5250278

（　　　　）　　　（　　　　）　　　（　　　　）

月　　日

10分

10　およその数の表し方や計算のしかたを考えよう

❶ がい数の表し方

❷ 切り捨て・切り上げ

／100点

1 ある町の人口を四捨五入して、上から 2 けたのがい数にすると、27000 人になります。この町の人口は何人と考えられますか。いちばん多い場合といちばん少ない場合で答えましょう。1つ8〔16点〕

多い（　　　　）　少ない（　　　　）

2 四捨五入して百の位までのがい数にしたとき、よしきさんは 2500 円、まさとさんは 3100 円持っています。2 人の持っているお金の合計は、いちばん多くて何円と考えられますか。

【式】

1つ8〔16点〕

答え（　　　　）

3 四捨五入して千の位までのがい数にしたとき、10000 になる整数のはんいを、以上、未満を使って表しましょう。〔12点〕

（　　　　）

4 四捨五入して、上から 2 けたのがい数にしましょう。1つ8〔24点〕

❶ 1744967　❷ 48608950　❸ 395208

（　　　　）（　　　　）（　　　　）

5 次の数を「切り上げ」と「切り捨て」の方法で、百の位までのがい数にしましょう。1つ8〔32点〕

❶ 762

切り上げ（　　　　）

切り捨て（　　　　）

❷ 1308

切り上げ（　　　　）

切り捨て（　　　　）

答えは 68ページ

10　およその数の表し方や計算のしかたを考えよう
❸ がい算
❹ がい数の活用

／100点

1 右の表は、あるサッカー場の5月から9月までの入場者数を調べたものです。

1つ15〔60点〕

サッカー場の入場者数

月	入場者数(人)
5月	23425
6月	17648
7月	14258
8月	16849
9月	22348

❶ 5月から9月までの入場者数の合計は、約何万人ですか。

(　　　　　　　)

❷ 5月と8月の入場者数のちがいは、約何千人ですか。

(　　　　　　　)

❸ 月ごとの入場者数の変わり方をグラフに表すには、折れ線グラフとぼうグラフのどちらがよいですか。また、がい数にするときには何万人と何万何千人のどちらで考えるとよいですか。

グラフ(　　　　　　　)　　がい数(　　　　　　　)

2 右の表は、2つの市の人口を調べたものです。

1つ20〔40点〕

A市とB市の人口

	人口(人)
A市	61130
B市	57956

❶ 2つの市の人口の合計は、約何万人ですか。

(　　　　　　　)

❷ 2つの市の人口のちがいは、約何千人ですか。

(　　　　　　　)

教科書 ⓣ 9〜13 ページ

月　　日

10　およその数の表し方や計算のしかたを考えよう

❸　がい算

❹　がい数の活用

10分

／100点

1　子どもが41人います。子どもたち全員に1本68円の牛にゅうを配ると、全員の牛にゅう代は約何円かかりますか。積の大きさは、かけられる数とかける数を、それぞれ上から1けたのがい数にして見積もりましょう。　〔14点〕

(　　　　　　　　)

2　子どもが498人いる学校で、給食のカレーライス用の肉を、41200g用意しました。1人分の肉は約何gになりますか。商の大きさは、わられる数とわる数を、それぞれ上から1けたのがい数にして見積もりましょう。　〔14点〕

(　　　　　　　　)

3　それぞれの数を上から1けたのがい数にして、次の計算の積や商を見積もりましょう。　1つ12〔72点〕

❶　295×412

❷　689×5092

❸　304×28

❹　5831÷27

❺　787÷37

❻　28241÷29

答えは
68ページ

11　計算のきまりを使って式を読み取ろう

❶ 式と計算　❷ 計算のきまり　❸ 計算のきまりを使って　❹ かけ算のきまり　❺ 整数の計算　／100点

⑩分

1 1さつ80円のノートを4さつ買って、500円玉ではらうと、おつりは何円ですか。1つの式に表して、答えを求めましょう。

【式】　　　　　　　　　　　　　　　　　　　　1つ10〔20点〕

答え（　　　　　　　　）

2 次の計算をしましょう。　　　　　　　　　　1つ10〔40点〕

❶ $500-(400-50)$　　❷ $8×5+36÷9$

❸ $192463+332573$　　❹ $402×235$

3 次の計算をくふうしてしましょう。　　　　　1つ10〔20点〕

❶ $39+77+23$　　❷ $8×4×25$

4 次の□にあてはまる数を書きましょう。　　　1つ10〔20点〕

❶ $12×5+18×5$

$=\left(12+\boxed{}\right)×5$

$=\boxed{}×5$

$=\boxed{}$

❷ $38×7-35×7$

$=\left(\boxed{}-35\right)×7$

$=\boxed{}×7$

$=\boxed{}$

答えは 68ページ

教科書 ⬇ 19～29 ページ

月　　日

10分

11　計算のきまりを使って式を読み取ろう

❶ 式と計算　❷ 計算のきまり　❸ 計算のきまりを使って　❹ かけ算のきまり　❺ 整数の計算

／100点

1 次の計算をしましょう。　　　　　　　　　　　　1つ6〔48点〕

❶ $(9×4+16)÷4$

❷ $(24+16)×5÷8$

❸ $65+7×5$

❹ $600+360÷6$

❺ $32×(70-55)$

❻ $20÷4×(12+28)$

❼ $587610-39501$

❽ $2666÷43$

2 次の計算をくふうしてしましょう。　　　　　　1つ6〔36点〕

❶ $42+37+58$

❷ $22×3+18×3$

❸ $98×9$

❹ $25×16$

❺ $60×7-58×7$

❻ $43+31+99$

3 子ども会で128 このおかしを作ることになりました。おかしを作るのに、1 こにつき275g の小麦こを使います。全部で何g の小麦こが必要ですか。　　　　　　　　　　1つ8〔16点〕

【式】

答え（　　　　　　　　　）

答えは
68ページ

きほん 16

12　小数の表し方やしくみを調べよう

❶ 小数の表し方

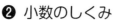❷ 小数のしくみ

⏱10分

／100点

1 ▶ 次のかさは、何Lですか。　　　　　　　　　　　1つ10〔20点〕

❶　1L　0.1L　0.1L

（　　　　　）

❷　0.1L　0.1L　0.1L　0.1L

（　　　　　）

2 ▶ 次の↑が表している目もりは、何mですか。　　1つ10〔30点〕

2.3　　　　　2.4　　　　　2.5　（m）

㋐ [　　　　　]　　㋑ [　　　　　]　　㋒ [　　　　　]

3 ▶ 3.146 について答えましょう。　　　　　　　1つ10〔20点〕

❶　4は何の位の数字ですか。　　　（　　　　　）

❷　小数第三位の数字は何ですか。　（　　　　　）

4 ▶ □ にあてはまる数を書きましょう。　　　　　1つ15〔30点〕

❶　3.146 は、1を □ こと、0.1を □ こと、0.01を

□ こと、0.001を □ こ合わせた数です。

❷　3.146 は、0.001を □ こ集めた数です。

12　小数の表し方やしくみを調べよう

❶ 小数の表し方

❷ 小数のしくみ

／100点

1 □にあてはまる数を書きましょう。　1つ7〔28点〕

❶ 3kg840g＝□kg　❷ 96g＝□kg

❸ 5.28km＝□m　❹ 0.07km＝□m

2 次の数は、0.01 を何こ集めた数ですか。　1つ6〔12点〕

❶ 0.17（　　）こ　❷ 3.5（　　）こ

3 次の↑が表している目もりを読みましょう。　1つ6〔24点〕

㋐□　㋑□　㋒□　㋓□

4 不等号（ふとうごう）を使って、大小を表しましょう。　1つ6〔12点〕

❶ 2.7□2.68　❷ 0.35□0.349

5 次の数の 10 倍の数と、$\frac{1}{10}$ の数を求（もと）めましょう。　1つ4〔24点〕

❶ 43.6　10倍の数（　　）　$\frac{1}{10}$ の数（　　）

❷ 9.15　10倍の数（　　）　$\frac{1}{10}$ の数（　　）

❸ 0.87　10倍の数（　　）　$\frac{1}{10}$ の数（　　）

答えは 69ページ

12　小数の表し方やしくみを調べよう
❸ 小数のたし算とひき算

／100点

1 次の計算をしましょう。
1つ6〔54点〕

❶
```
   4.6 2
+ 2.7 3
```

❷
```
  8.6
+ 0.5 6
```

❸
```
  1.3 2
+ 3.4 9
```

❹
```
   1.0 7
+ 0.8
```

❺
```
  4.3 5
+ 7
```

❻
```
  6.2 4
- 3.7 3
```

❼
```
  4.8 4
- 1.9
```

❽
```
  7
- 3.8 6
```

❾
```
  1 2.3 9
-    4.7 9
```

2 次の計算をしましょう。
1つ7〔28点〕

❶ 1.46＋4.28

❷ 0.5−0.28

❸ 1−0.85

❹ 2.7＋6.8＋3.2

3 0.64kg の箱に、4.57kg のりんごが入っています。全体の重さは何kg になりますか。

【式】

1つ9〔18点〕

答え（　　　　　　　）

かくにん 17

月　　日

10分

12　小数の表し方やしくみを調べよう

❸ 小数のたし算とひき算

／100点

1 次の計算をしましょう。　1つ8〔24点〕

❶ $\begin{array}{r} 6.94 \\ +\ 7.06 \\ \hline \end{array}$　❷ $\begin{array}{r} 9.38 \\ -\ 7.32 \\ \hline \end{array}$　❸ $\begin{array}{r} 8 \\ -\ 0.54 \\ \hline \end{array}$

2 次の計算をしましょう。　1つ6〔48点〕

❶ 7.5＋6.39　❷ 0.72＋3.98

❸ 4.71＋9　❹ 5.38－4.99

❺ 3.84－2.9　❻ 6－0.03

❼ 4.14＋1.73＋3.27　❽ 0.47＋1.5＋3.53

3 牛にゅうが、びんに2.13L、コップに0.45L入っています。　1つ7〔28点〕

❶ 全部で何Lありますか。

【式】

答え（　　　　）

❷ ちがいは何Lですか。

【式】

答え（　　　　）

答えは 69ページ

13　数の表し方や計算のしかたを考えよう
❶ 数の表し方
❷ たし算とひき算

／100点

1 そろばんに、次の数を置きます。置くたまをぬりましょう。

1つ15〔60点〕

❶ 3474800（m）
月の直径

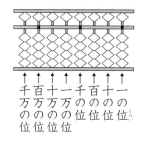

↑↑↑↑↑↑↑
千百十一千百十一
万万万万のののの
ののののの位位位位
位位位位

❷ 12756200（m）
地球の直径

↑↑↑↑↑↑↑↑
千百十一千百十一
万万万万のののの
ののののの位位位位
位位位位

❸ 36.7（℃）
夏のある日の気温

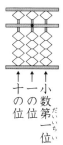

↑↑↑
十一小
のの数
位位第
　　一
　　位

❹ 2.26（cm）
100円玉の直径

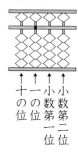

↑↑↑↑
十一小小
のの数数
位位第第
　　一二
　　位位

2 そろばんを使って、次の計算をしましょう。

1つ10〔40点〕

❶ 23＋45

❷ 3.8＋7.1

❸ 65－32

❹ 4.5－2.3

答えは
69ページ

かくにん 18

教科書 [下] 51～53 ページ　　月　　日　　10分

13　数の表し方や計算のしかたを考えよう

❶ 数の表し方
❷ たし算とひき算

／100点

1 そろばんを使って、次の計算をしましょう。　1つ5〔50点〕

❶ 43＋24　　❷ 5＋99

❸ 66＋28　　❹ 243＋325

❺ 0.37＋0.16　　❻ 4.12＋3.81

❼ 2.9＋4.26　　❽ 2.39＋5.52

❾ 40 億(おく)＋30 億　　❿ 17 兆(ちょう)＋42 兆

2 そろばんを使って、次の計算をしましょう。　1つ5〔50点〕

❶ 58－34　　❷ 62－37

❸ 108－9　　❹ 647－443

❺ 3.8－0.4　　❻ 7.69－4.38

❼ 1.01－0.09　　❽ 0.8－0.65

❾ 60 億－40 億　　❿ 64 兆－43 兆

答えは 69ページ

14　広さの表し方や求め方を調べよう

❶ 面積
❷ 長方形と正方形の面積

／100点

1 次の色をぬった図形の面積は、何cm² ですか。　　1つ10〔60点〕

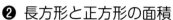

ア（　　　　　）　　イ（　　　　　）　　ウ（　　　　　）

エ（　　　　　）　　オ（　　　　　）　　カ（　　　　　）

2 次の長方形や正方形の面積は、何cm² ですか。　　1つ5〔40点〕

❶　たてが 6cm、横が 12cm の長方形

【式】

答え（　　　　　　　）

❷　1辺が 7cm の正方形

【式】

答え（　　　　　　　）

❸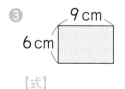

【式】

答え（　　　　　　　）

❹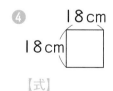

【式】

答え（　　　　　　　）

答えは
69ページ

14　広さの表し方や求め方を調べよう
❶ 面積
❷ 長方形と正方形の面積

/100点

1 次の長方形や正方形の面積は、何cm² ですか。　　1つ10〔40点〕

❶　1辺が 23 cm の正方形

【式】

答え（　　　　　　　）

❷　たてが 80 mm、横が 12 cm の長方形

【式】

答え（　　　　　　　）

2 面積が 90 cm² で、たての長さが
6 cm の長方形をかくには、横の長さを
何cm にすればよいですか。　　1つ10〔20点〕

6 cm ┃ 90 cm² ┃

【式】

答え（　　　　　　　）

3 次の色をぬった図形の面積は、何cm² ですか。　　1つ10〔40点〕

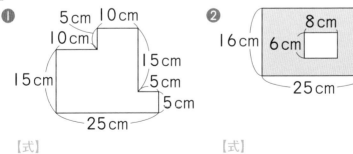

❶
5 cm　10 cm
10 cm
15 cm
15 cm
5 cm
5 cm
25 cm

❷
16 cm　6 cm　8 cm
25 cm

【式】　　　　　　　　　　　【式】

答え（　　　　　　）　　　答え（　　　　　　）

答えは
69ページ

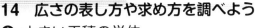

月　　　日

14 広さの表し方や求め方を調べよう
❸ 大きい面積の単位
❹ 面積の単位の関係

／100点

1 ▶ 1辺が 1m の正方形があります。 1つ10〔20点〕

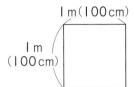

❶ この正方形の面積は何 m² ですか。

(　　　　　　　　)

❷ この正方形の面積は何 cm² ですか。

(　　　　　　　　)

2 ▶ 1辺が 10m の正方形があります。1つ15〔30点〕

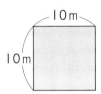

❶ この正方形の面積は何 m² ですか。

(　　　　　　　　)

❷ この正方形の面積は何 a ですか。

(　　　　　　　　)

3 ▶ 1辺が 100m の正方形があります。 1つ15〔30点〕

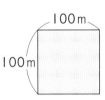

❶ この正方形の面積は何 m² ですか。

(　　　　　　　　)

❷ この正方形の面積は何 ha ですか。

(　　　　　　　　)

4 ▶ 1辺が 1km の正方形があります。1つ10〔20点〕

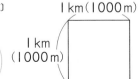

❶ この正方形の面積は何 km² ですか。

(　　　　　　　　)

❷ この正方形の面積は何 m² ですか。

(　　　　　　　　)

答えは
70ページ

14　広さの表し方や求め方を調べよう
❸ 大きい面積の単位
❹ 面積の単位の関係

／100点

1 次の◻にあてはまる数を書きましょう。　　　1つ7〔28点〕

① $2 m^2 = $ ◻ cm^2

② $4a = $ ◻ m^2

③ $3ha = $ ◻ m^2

④ $5 km^2 = $ ◻ m^2

2 次の色をぬった図形の面積を求めましょう。　　　1つ8〔32点〕

①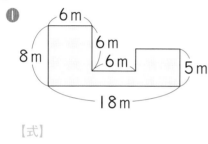

②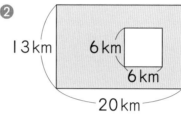

【式】　　　　　　　　　　　　　　　　　　　【式】

答え（　　　　　　　）　　　　　　答え（　　　　　　　）

3 1辺が200mの正方形の形をした畑の面積は何 m^2 ですか。
また、何 ha ですか。　　　1つ8〔24点〕

【式】

答え（　　　　m^2）（　　　　ha）

4 たてが5km、横が8kmの長方形の形をした土地の面積は
何 km^2 ですか。　　　1つ8〔16点〕

【式】

答え（　　　　　　　）

答えは
70ページ

きほん 21

15　くふうして小数をふくむ計算のしかたを考えよう

❶ 小数×整数

❷ 小数÷整数

／100点

1 1.8 m のひもが 4 本あります。ひもは全部で何 m ありますか。次の□にあてはまる数を書きましょう。　1つ4〔52点〕

❶ m を cm になおすと、1.8 m＝□ cm なので、

□×4＝□ より、□ cm＝□ m

❷ 0.1 が何こ分かを考えると、1.8 は 0.1 が□こなので、

□×4＝□ より、0.1 m が□こで□ m

❸ 1.8×4＝㋐□

↓ 10倍　↑ $\frac{1}{10}$

18×4＝㋑□

このことから、㋒□ m

2 次の計算をしましょう。　1つ8〔48点〕

❶ 1.1×7

❷ 2.3×2

❸ 3.6×4

❹ 6.8×3

❺ 4.7×3

❻ 5.4×5

答えは 70ページ

15　くふうして小数をふくむ計算のしかたを考えよう
❶ 小数×整数
❷ 小数÷整数

／100点

1 2.5 kg のねん土を、5人で同じ重さずつ分けると、1人分は何 kg になりますか。次の□にあてはまる数を書きましょう。

1つ4〔52点〕

❶ kg を g になおすと、2.5 kg＝□ g なので、

□÷5＝□ より、□ g＝□ kg

❷ 0.1 が何こ分かを考えると、2.5 は 0.1 が □ こなので、

□÷5＝□ より、0.1 kg が □ こで □ kg

❸ 2.5÷5＝㋐□

（10倍 ↓　↑ $\frac{1}{10}$）

25÷5＝㋑□

このことから、㋒□ kg

2 次の計算をしましょう。

1つ8〔48点〕

❶ 2.4÷4　　❷ 3.6÷4

❸ 7.2÷3　　❹ 4.5÷9

❺ 4.9÷7　　❻ 5.4÷6

答えは 70ページ

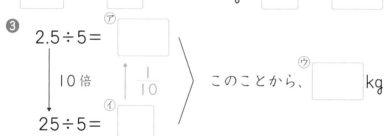

16　小数のかけ算やわり算の筆算のしかたを考えよう

❶ 小数×整数の計算

／100点

1 次の計算をしましょう。　1つ6〔90点〕

❶ 0.4×3　❷ 0.9×5　❸ 0.6×7

❹
```
  4.6
× 　3
```
❺
```
  3.6
× 1 6
```
❻
```
  5.8
× 1 5
```
❼
```
  2.7
× 7 0
```
❽
```
  1.6
× 3 8
```
❾
```
  3.8
× 2 3
```
❿
```
  7.9
× 5 3
```
⓫
```
  2.8
× 4 6
```
⓬
```
  8.5
× 2 9
```
⓭
```
  1.2 6
×     3
```
⓮
```
  0.8 5
×     4
```
⓯
```
  2.2 5
×     4
```

2 たて 8.3m、横 16m の長方形の土地の面積(めんせき)は、何 m^2 ですか。

【式】　1つ5〔10点〕

答え（　　　）

答えは 70ページ

教科書 ⓣ 84〜87 ページ

月　　日

16　小数のかけ算やわり算の筆算のしかたを考えよう
❶ 小数×整数の計算

／100点

1 次の計算をしましょう。

1つ6〔90点〕

❶　1.8×3

❷　0.8×5

❸　1.4×50

❹　9.7×28

❺　4.5×16

❻　7.6×88

❼　3.6×25

❽　4.7×38

❾　7.5×46

❿　2.5×65

⓫　3.4×52

⓬　6.7×80

⓭　3.68×4

⓮　4.91×6

⓯　5.25×6

2 ひとみさんは、牛にゅうを１日に 2.8dL ずつ飲みます。31日間では何 L 飲みますか。

1つ5〔10点〕

【式】

答え（　　　　　　　　）

答えは
70ページ

きほん
23

教科書 ㊦ 88～90 ページ　　月　　日

10分

16　小数のかけ算やわり算の筆算のしかたを考えよう

❷ 小数÷整数の計算

／100点

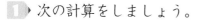

1 次の計算をしましょう。　1つ8〔72点〕

❶ 3)6.3

❷ 4)9.2

❸ 6)7.2

❹ 8)6.4

❺ 6)8.28

❻ 9)2.16

❼ 2)0.14

❽ 7)16.8

❾ 12)22.8

2 長さ6mのロープの重さをはかったら5.4kgでした。このロープ1mの重さは何kgですか。　1つ14〔28点〕

【式】

答え（　　　　）

答えは
70ページ

10分

16　小数のかけ算やわり算の筆算のしかたを考えよう

❷ 小数÷整数の計算

/100点

1 次の計算をしましょう。

1つ10〔60点〕

❶

$3\overline{)8.1}$

❷

$9\overline{)39.6}$

❸

$26\overline{)93.6}$

❹

$8\overline{)7.2}$

❺

$4\overline{)3.36}$

❻

$7\overline{)0.56}$

2 長さ23mの電線の重さをはかったら62.79kgでした。この電線1mの重さは何kgですか。

1つ10〔20点〕

【式】

答え（　　　　　　）

3 4.9Lのジュースを7人で同じ量^{りょう}ずつ分けると、1人分は何Lになりますか。

1つ10〔20点〕

【式】

答え（　　　　　　）

答えは **70**ページ

16　小数のかけ算やわり算の筆算のしかたを考えよう

❸ いろいろなわり算
❹ どんな式になるかな

／100点

1 わり進めるしかたで計算しましょう。　1つ10〔30点〕

❶　$5\overline{)4}$　　　❷　$4\overline{)3.4}$　　　❸　$4\overline{)8.3}$

2 次の計算をしましょう。商は、小数第二位を四捨五入して、小数第一位まで求めましょう。　1つ10〔30点〕

❶　$6.5 \div 2$　　　❷　$5.2 \div 7$　　　❸　$92.1 \div 21$

3 8.5kgの米を2kgずつふくろに入れます。米2kg入りのふくろは何ふくろできて、何kgあまりますか。　1つ10〔20点〕

【式】

答え（　　　　　　　　）

4 わたるさんと弟がソフトボール投げをしました。わたるさんの記録は20m、弟の記録は16mです。わたるさんの記録は、弟の記録の何倍ですか。　1つ10〔20点〕

【式】

答え（　　　　　　　　）

16　小数のかけ算やわり算の筆算のしかたを考えよう

❸ いろいろなわり算

❹ どんな式になるかな

／100点

1 10.9 L の牛にゅうを 9 人に同じ量ずつ分けます。1 人分は約何 L になりますか。商は、小数第二位を四捨五入して、小数第一位まで求めましょう。

1つ12〔24点〕

【式】

答え（　　　　　　　）

2 40.8 m のロープを 7 m ずつに切ると、7 m のロープは何本できて、何 m あまりますか。

1つ12〔24点〕

【式】

答え（　　　　　　　）

3 1 本が 1.2 L 入りの油が 8 本あります。油は全部で何 L ありますか。

1つ13〔26点〕

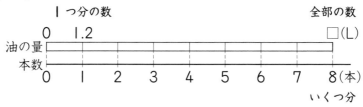

【式】

答え（　　　　　　　）

4 白いテープは 5 cm、赤いテープは 18.5 cm です。赤いテープの長さは、白いテープの長さの何倍ですか。

1つ13〔26点〕

【式】

答え（　　　　　　　）

答えは
71ページ

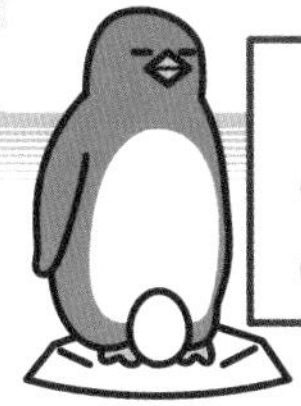

17 分数の大きさや計算のしかたを考えよう

❶ 1より大きい分数
❷ 分数の大きさ

／100点

1 右の水のかさは何Lですか。帯分数と仮分数で表しましょう。 1つ6〔12点〕

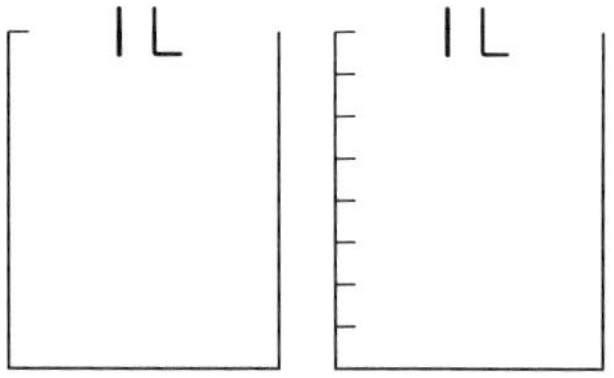

帯分数（　　　）　仮分数（　　　）

2 真分数、仮分数、帯分数に分けましょう。 1つ8〔24点〕

$\frac{1}{3}$　$\frac{9}{9}$　$1\frac{2}{9}$　$\frac{10}{7}$　$\frac{3}{4}$　$2\frac{5}{7}$　$\frac{7}{4}$　$3\frac{5}{8}$

[ア] 真分数（　　　）　[イ] 仮分数（　　　）　[ウ] 帯分数（　　　）

3 仮分数を、帯分数か整数になおしましょう。 1つ6〔24点〕

1. $\frac{20}{4}$（　　　）
2. $\frac{16}{7}$（　　　）
3. $\frac{21}{5}$（　　　）
4. $\frac{71}{9}$（　　　）

4 帯分数を、仮分数になおしましょう。 1つ6〔24点〕

1. $1\frac{2}{3}$（　　　）
2. $4\frac{5}{6}$（　　　）
3. $3\frac{1}{2}$（　　　）
4. $2\frac{3}{5}$（　　　）

5 どちらが大きいですか。□に不等号を入れましょう。 1つ8〔16点〕

1. $\frac{25}{7}$ □ $3\frac{6}{7}$
2. $\frac{34}{9}$ □ $3\frac{5}{9}$

答えは 71ページ

教科書 ⑦ 101〜106 ページ　　　月　　　日

17　分数の大きさや計算のしかたを考えよう

❶ | より大きい分数

❷ 分数の大きさ

10分

／100点

1 下の数直線を見て、問題に答えましょう。

1つ10〔60点〕

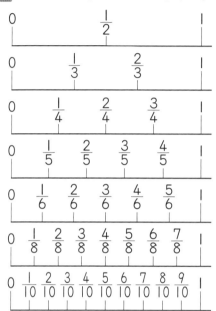

❶ □にあてはまる数を書き
ましょう。

⑦ $\dfrac{3}{4} = \dfrac{\boxed{}}{8}$

⑦ $\dfrac{4}{6} = \dfrac{\boxed{}}{3}$

❷ どちらが大きいですか。
□に不等号を入れましょう。

⑦ $\dfrac{3}{4}$ □ $\dfrac{3}{5}$

⑦ $\dfrac{3}{8}$ □ $\dfrac{3}{6}$

❸ $\dfrac{4}{8}$ と大きさの等しい分数をすべて書きましょう。

(　　　　　　　　　　　　　)

❹ 分子が | の分数を、大きさの小さい方から順に書きましょう。

(　　　　　　　　　　　　　)

2 (　)の中の分数を、大きさの大きい方から順に書きましょう。

1つ20〔40点〕

❶ $\left(\dfrac{2}{9}、\dfrac{2}{7}、\dfrac{2}{3} \right)$

❷ $\left(\dfrac{5}{3}、\dfrac{5}{6}、\dfrac{5}{5} \right)$

(　　、　　、　　)　　　　(　　、　　、　　)

答えは
71ページ

きほん 26

17　分数の大きさや計算のしかたを考えよう

❸ 分数のたし算とひき算

／100点

1 次の計算をしましょう。　　1つ6〔60点〕

① $\frac{4}{7}+\frac{6}{7}$　　② $\frac{9}{8}+\frac{7}{8}$

③ $1\frac{1}{5}+\frac{2}{5}$　　④ $\frac{5}{6}+2\frac{2}{6}$

⑤ $2+3\frac{5}{9}$　　⑥ $\frac{6}{9}-\frac{2}{9}$

⑦ $\frac{11}{7}-\frac{5}{7}$　　⑧ $5\frac{7}{8}-1\frac{4}{8}$

⑨ $2\frac{2}{4}-\frac{3}{4}$　　⑩ $6\frac{5}{7}-5$

2 ちひろさんは、算数を $\frac{5}{6}$ 時間、国語を $\frac{7}{6}$ 時間勉強しました。合わせて何時間勉強しましたか。　　1つ10〔20点〕

【式】

答え（　　　）

3 お茶が $1\frac{1}{5}$ L あります。$\frac{2}{5}$ L 飲むと、残(のこ)りは何 L になりますか。

【式】　　1つ10〔20点〕

答え（　　　）

答えは 71ページ

17　分数の大きさや計算のしかたを考えよう

❸ 分数のたし算とひき算

／100点

1 計算をしましょう。　　1つ9〔72点〕

❶ $\frac{6}{9}+\frac{7}{9}$　　❷ $\frac{5}{4}+\frac{3}{4}$

❸ $\frac{5}{7}+2\frac{4}{7}$　　❹ $5\frac{1}{5}+3\frac{4}{5}$

❺ $\frac{11}{6}-\frac{5}{6}$　　❻ $2\frac{7}{8}-\frac{2}{8}$

❼ $7\frac{1}{3}-6\frac{2}{3}$　　❽ $7-4\frac{6}{7}$

2 工作で、よし子さんは $\frac{4}{8}$ m^2、あきらさんは $\frac{7}{8}$ m^2 のあつ紙を使いました。　　1つ7〔28点〕

❶ 使ったあつ紙の面積(めんせき)は、合わせて何 m^2 ですか。

【式】

答え（　　　　）

❷ どちらが何 m^2 多く使いましたか。

【式】

答え（　　　　　　　　）

答えは 71ページ

教科書 ⑦ 115〜120 ページ

月　　　日

10分

18　箱の形のとくちょうや作り方を調べよう

❶ 直方体と立方体

❷ 展開図

／100点

1 下の図で、⑦は長方形だけでかこまれている形、⑦は正方形だけでかこまれている形、⑦は長方形と正方形でかこまれている形です。

1つ10〔80点〕

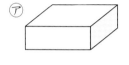　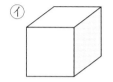　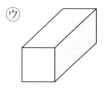

❶　⑦、⑦、⑦の図形は、それぞれ何という名前ですか。

⑦（　　　　　　　　）　⑦（　　　　　　　　）　⑦（　　　　　　　　）

❷　⑦について、面、辺、頂点の数を答えましょう。

面の数　　　　　辺の数　　　　　頂点の数

（　　　　　）（　　　　　）（　　　　　）

❸　⑦について、長方形の面と正方形の面の数を答えましょう。

長方形（　　　　　　　）　正方形（　　　　　　　）

2 下の図の中から、直方体の展開図を選びましょう。　〔20点〕

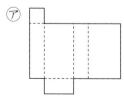　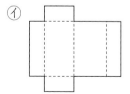　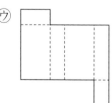

（　　　　　）

18 箱の形のとくちょうや作り方を調べよう

❶ 直方体と立方体

❷ 展開図

/100点

1 右の図の直方体を見て答えましょう。

1つ25〔50点〕

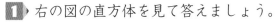

❶ 辺 AB の長さは何cm ですか。

( )

❷ たて 6 cm、横 8.5 cm の長方形
の面の数を答えましょう。

( )

2 下の図の中から、立方体の展開図をすべて選びましょう。

〔25点〕

㋐　　　　　　　㋑　　　　　　　㋒　　　　　　　㋓

( )

3 下の図のような直方体の展
開図をかきましょう。　〔25点〕

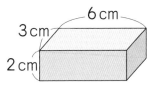

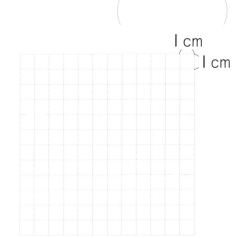

1 cm
1 cm

答えは
71ページ

18　箱の形のとくちょうや作り方を調べよう
❸ 面や辺の垂直と平行
❹ 見取図　❺ 位置の表し方

／100点

1 ▶ 右の図の立方体について答えましょう。

1つ10〔40点〕

① あとⓊの 2 つの面は、垂直ですか、平行ですか。

（　　　　　　）

② ⓘに垂直な面の数を答えましょう。

（　　　　　　）

③ ⓚに平行な面はどれですか。

（　　　　　　）

④ 平行な面の組は、全部で何組ありますか。

（　　　　　　）

2 ▶ 右の図のように、たてのじくと横のじくに目もりがついています。アの点を(2 の 5)と書くことにします。

1つ15〔60点〕

① アの点と同じように、イの点、ウの点の位置を表しましょう。

イの点（　　　　　　）

ウの点（　　　　　　）

5　　　　　ア
　　　　　・
4
　　　　　　・イ
3
2
1　　　　　　・ウ
0
0　1　2　3　4　5

② 次の点を、図の中にかきましょう。

エの点(1 の 4)

オの点(5 の 0)

答えは 71ページ

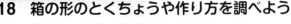

18 箱の形のとくちょうや作り方を調べよう

❸ 面や辺の垂直と平行

❹ 見取図　❺ 位置の表し方

1 右の図は、直方体です。次の面や
辺を全部答えましょう。　1つ15〔60点〕

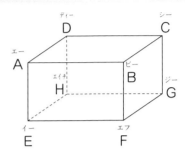

❶　辺 GH に垂直な辺

（　　　　　　　　　　）

❷　辺 AB に平行な辺

（　　　　　　　　　　）

❸　面 ABCD に垂直な辺

（　　　　　　　　　　）

❹　面 BFGC に平行な辺

（　　　　　　　　　　）

2 右の直方体で、頂点 B の位置は、
頂点 E の位置をもとにして、
(7 の 0 の 5)と表します。頂点 E
の位置をもとにして、頂点 C、頂
点 D の位置を表しましょう。

1つ20〔40点〕

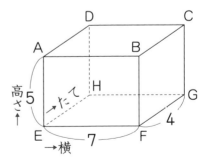

頂点 C（　　　　　　　　　）

頂点 D（　　　　　　　　　）

答えは
72ページ

19　2つの量の変わり方や関係を調べよう

/100点

1 下の表は、20 このおはじきを、みほさんとけんさんで分けるときの、それぞれが受け取る数の関係を表したものです。　1つ15〔45点〕

みほの数（こ）	1	2	3	4	5	6	7	8
けんの数（こ）								

❶　上の表のあいているところに、あてはまる数を書きましょう。

❷　みほさんの数を□こ、けんさんの数を○ことして、□と○の関係を式に表しましょう。

（　　　　　　　　　　）

❸　みほさんのおはじきの数が 13 このとき、けんさんのおはじきの数は何こですか。

（　　　　　　　　　　）

2 長さ 24cm のひもがあります。このひもを使って長方形を作ります。　1つ15〔30点〕

❶　たての長さを □cm、横の長さを ○cm として、□と○の関係を式に表しましょう。

（　　　　　　　　　　）

❷　❶のとき、たての長さが 1cm ふえると、横の長さはどのように変わりますか。

（　　　　　　　　　　）

3 正方形の 1 辺の長さを □cm、正方形のまわりの長さを○cm として、□と○の関係を式に表しましょう。　〔25点〕

（　　　　　　　　　　）

答えは 72ページ

19　2つの量の変わり方や関係を調べよう

/100点

1 横の長さが 4 cm、たての長さが 1 cm の長方形があります。たての長さが 1 cm ふえると、面積はどのように変わるか調べます。

1つ20〔100点〕

① たての長さと面積の関係を、下の表にまとめましょう。

たての長さ(cm)	1	2	3	4	5	6
面　積　(cm²)						

② たての長さを 1 cm から 6 cm で変えたときの、たての長さと面積を表す点を右のグラフにかき、かいた点を直線で結びましょう。

(cm²) たての長さと面積

24
20
16
面積 12
8
4
0
0　1　2　3　4　5　6(cm)
たての長さ

③ たての長さを □ cm、面積を ○ cm² として、□と○の関係を式に表しましょう。

（　　　　　）

④ たての長さが 15 cm のとき、面積は何 cm² になりますか。

（　　　　　）

⑤ 面積が 40 cm² のとき、たての長さは何 cm になりますか。

（　　　　　）

答えは
72ページ

20　くふうしたグラフを読み取ろう

／100点

1 次のグラフは、ある年の月別気温のグラフと月別こう水量を重ねてかいたものです。

1つ25〔100点〕

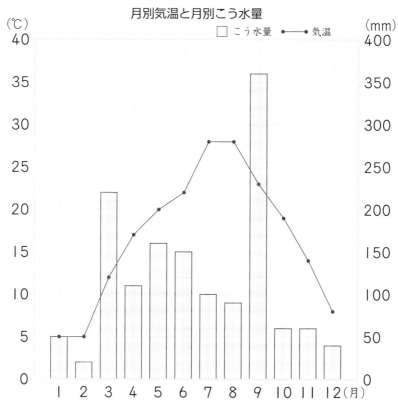

月別気温と月別こう水量

☐ こう水量　●—● 気温

❶　こう水量がいちばん多かったのは何月ですか。また、それは、何mmですか。

月（　　　　　）　こう水量（　　　　　）

❷　5月の気温は何℃ですか。また、こう水量は何mmですか。

気温（　　　　　）　こう水量（　　　　　）

月　　日

10分

20　くふうしたグラフを読み取ろう

／100点

1 次のグラフは、まぐろについて、日本が外国から買った量とその金がく、日本が外国に売った量とその金がくを表したものです。

1つ50〔100点〕

日本が外国から買ったまぐろの量と金がく

(億円)　買った金がく　　　買った量　(t)

日本が外国に売ったまぐろの量と金がく

(億円)　売った金がく　　　売った量　(t)

❶ 2017年に外国から買ったまぐろの量は、約何tですか。（　　　　　）

❷ 2つのグラフをくらべて、どんなことがわかりますか。（　　　　　）

答えは
72ページ

21　4年のふく習をしよう
力だめし ①

/100点

1 37632215086075 を漢字で書きましょう。　　〔10点〕

(　　　　　　　　　　　　　　　　　　　　　　)

2 次の計算をしましょう。わり算は商を整数で求め、わり切れないときはあまりもだしましょう。　　1つ8〔48点〕

①
```
   3 8 6
 × 7 2 9
```

②
```
   5 0 8
 × 9 4 1
```

③
```
   4 6 3
 × 2 8 0
```

④
```
5) 2 0 7
```

⑤
```
1 8) 9 4
```

⑥
```
2 3) 8 5 1
```

3 帯分数は仮分数に、仮分数は帯分数になおしましょう。　　1つ7〔14点〕

① $3\frac{5}{9}$　(　　　　)　　② $\frac{31}{7}$　(　　　　)

4 次の計算をしましょう。　　1つ7〔28点〕

① $\frac{6}{7}+\frac{5}{7}$　　　　② $\frac{7}{9}+2\frac{4}{9}$

③ $\frac{7}{5}-\frac{3}{5}$　　　　④ $2\frac{3}{8}-\frac{6}{8}$

答えは
72ページ

10分
/100点

21　4年のふく習をしよう
力だめし ②

1 次の計算をしましょう。わり算は、わり切れるまでしましょう。

1つ8〔56点〕

❶
```
   2.2 6
+ 3.4 8
```

❷
```
   0.0 9 8
+ 0.0 5 2
```

❸
```
   7.2 9
− 5.4 5
```

❹
```
   1 3
−   2.0 8
```

❺
```
   0.8 4
×    5 9
```

❻
```
   7.9 5
×    2 6
```

❼ 23.4÷6

2 次の角度をはかりましょう。

1つ8〔16点〕

❶

（　　　　）

❷

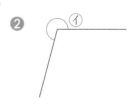

（　　　　）

3 次の面積を求めましょう。

1つ7〔28点〕

❶ 1辺が30cm の正方形の面積は何cm² ですか。

【式】

答え（　　　　　　）

❷ たて180m、横25m の長方形の面積は何a ですか。

【式】

答え（　　　　　　）

答えは
72ページ

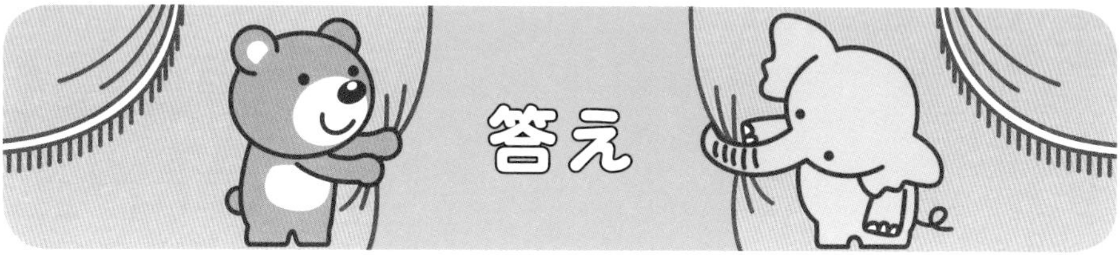

答え

1　3・4ページ

1 ① ㋐ 一億（おく）　㋑ 千億
② 四百三十二兆（ちょう）六千百五十九億

2 ① 5300、5、3000、53
② 680

3 ① 468930000
② 20090400200300
③ 6032000000000
④ 4035000000000

★★★

1 ① 八兆三百五十二億八百九十万
② 三千四兆九十六億二千万五百八十

2

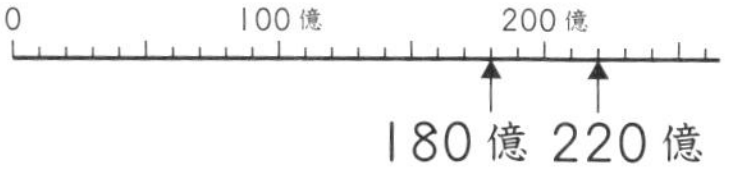

0
100億
200億
180億
220億

3 ① ＜　② ＞

4 4012356789

5 ① 843兆　② 516億
③ 2365億　④ 80兆

2　5・6ページ

1 ① 時こく　② 17℃
③ 午前9時
④ 午後1時、24℃
⑤ 午後1時から午後2時の間

2 ① ㋓　② ㋐　③ ㋒

★★★

1 ①

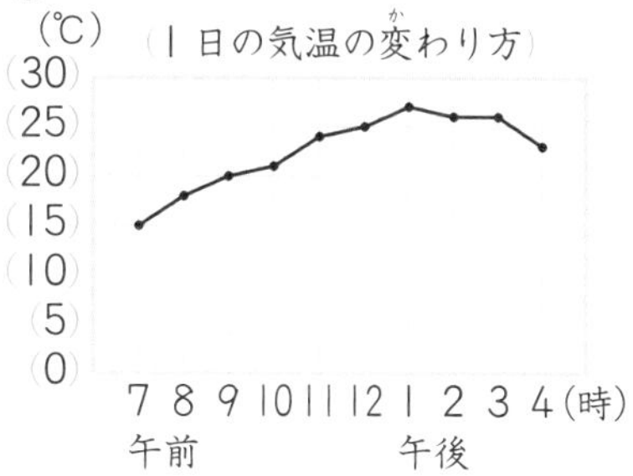

(℃)
(1日の気温の変（か）わり方)
30
25
20
15
10
5
0
7 8 9 10 11 12 1 2 3 4 (時)
午前
午後

② 12℃
③ 午後2時から午後3時の間

2 ㋑

3　7・8ページ

1 ① ㋐ 2　㋑ 2　㋒ 15
② ㋐ 5　㋑ 5　㋒ 20

2 ① ㋐ 3　㋑ 3　㋒ 3
② ㋐ 2　㋑ 2　㋒ 14

3 ① 20　② 30
③ 40　④ 500

4 800÷4＝200　答え 200まい

★★★

1 ① 3　② 75　③ 8　④ 400

2 ① 6、7　② 900、9

3 ① 1800÷3＝600
答え 600こ
② 1800÷6＝300
答え 300こ

4 　9・10ページ

1 ㋐ 35°　㋑ 60°　㋒ 120°
　㋓ 220°　㋔ 80°　㋕ 100°
　㋖ 25°　㋗ 155°

2
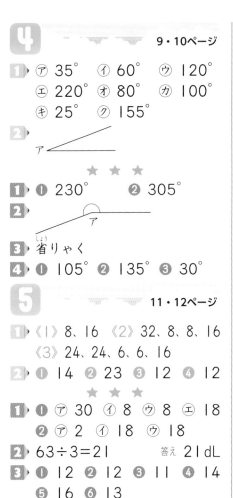
ア

★ ★ ★

1 ❶ 230°　　❷ 305°

2
ア

3 省りゃく

4 ❶ 105°　❷ 135°　❸ 30°

5 　11・12ページ

1 《1》8、16　《2》32、8、8、16
　《3》24、24、6、6、16

2 ❶ 14　❷ 23　❸ 12　❹ 12

★ ★ ★

1 ❶ ㋐ 30　㋑ 8　㋒ 8　㋓ 18
　❷ ㋐ 2　㋑ 18　㋒ 18

2 63÷3＝21　　答え 21dL

3 ❶ 12　❷ 12　❸ 11　❹ 14
　❺ 16　❻ 13

6 　13・14ページ

1 ❶ 8、8×8＝64
　❷ 9 あまり 3、6×9＋3＝57
　❸ 4、6×4＝24
　❹ 2 あまり 5、7×2＋5＝19

2 ❶ 29　❷ 10 あまり 4　❸ 17
　❹ 25 あまり 1　❺ 19　❻ 10 あまり 7

3 87÷7＝12 あまり 3

答え 12 箱できて、3 こあまる。

★ ★ ★

1 ❶ 15 あまり 4　❷ 14
　❸ 10 あまり 5　❹ 21 あまり 2
　❺ 12 あまり 2　❻ 14 あまり 1

2 ❶ 6、5×6＝30
　❷ 7 あまり 4、7×7＋4＝53
　❸ 19 あまり 1、2×19＋1＝39
　❹ 7 あまり 7、9×7＋7＝70

3 96÷7＝13 あまり 5　13＋1＝14

答え 14 日

7 　15・16ページ

1 ❶ 135　　❷ 204
　❸ 114 あまり 4　❹ 46
　❺ 74 あまり 3　❻ 64 あまり 5

2 ❶ 340 あまり 1、2×340＋1＝681
　❷ 67 あまり 3、7×67＋3＝472
　❸ 80 あまり 3、9×80＋3＝723
　❹ 113　5×113＝565

3 452÷6＝75 あまり 2

答え 75 まい、あまり 2 まい

★ ★ ★

1 ❶ 168　　❷ 120 あまり 7
　❸ 122 あまり 1　❹ 27
　❺ 86 あまり 1　❻ 64 あまり 4

2 ❶ 109 あまり 1、6×109＋1＝655
　❷ 84 あまり 3、9×84＋3＝759

3 ❶ 168÷6＝28　　答え 28 組
　❷ 168÷8＝21　　答え 21 人

8 17・18ページ

1 けがをした場所とけがの種類（人）

種類\場所	すりきず	切りきず	つき指	打ち身	ねんざ	合計
教室	一 1	下 3	一 1	0	0	5
ろうか	下 2	0	一 1	下 2	0	5
体育館	下 3	0	下 2	一 1	下 2	8
校庭	正 5	一 1	一 1	下 2	一 1	10
合計	11	4	5	5	3	28

2 ❶ 校庭　　❷ すりきず
　❸ 学校でけがをした人数の合計

★ ★ ★

1 ❶ 犬もねこも好きな人の数
　❷ 犬もねこもきらいな人の数
　❸ 犬がきらいな人の数の合計
　❹ ㋐ 4　㋑ 5　㋒ 9
　　㋓ 4　㋔ 3　㋕ 7
　　㋖ 8　㋗ 8　㋘ 16

9 19・20ページ

1 ❶ 2　❷ 5あまり40　❸ 5
　❹ 9あまり20　❺ 3
　❻ 2あまり3　❼ 4あまり2
　❽ 3あまり12　❾ 5あまり2
　❿ 2あまり28　⓫ 7あまり8
　⓬ 8あまり32　⓭ 6あまり17

2 363÷45＝8あまり3
　答え 8人に分けられて、3こあまる。

★ ★ ★

1 ❶ 1あまり30　❷ 9
　❸ 5あまり2　❹ 2あまり9
　❺ 3あまり59　❻ 9あまり15
　❼ 7あまり27　❽ 6

2 600÷90＝6あまり60

答え 6さつ買えて、60円あまる。

3 73×4＋1＝293
　293÷57＝5あまり8
　　　　答え 5あまり8

10 21・22ページ

1 ❶ 25　　　　❷ 46あまり8
　❸ 17　　　　❹ 24あまり10
　❺ 32あまり8　❻ 40あまり17

2 ❶ 19　　　　❷ 48あまり2
　❸ 39あまり11　❹ 2あまり40

3 36÷3＝12　　答え 12こ

★ ★ ★

1 ❶ 48あまり9　❷ 30あまり31
　❸ 15　　　　❹ 5あまり133
　❺ 34あまり2　❻ 20あまり13

2 285÷13＝21あまり12
　答え 21こになって、12こあまる。

3 ❶ 7　　　　❷ 3
　❸ 14あまり200　❹ 51あまり40

11 23・24ページ

1 ㋑、㋒
2 直線ⓘ、直線ⓞ
3 辺 DC
4 ❶ 直線ⓤと直線ⓞ
　❷ 直線ⓤと直線ⓞ

★ ★ ★

1 辺 AD、辺 BC
2 ㋐ 60°　㋑ 60°　㋒ 120°
3 ❶

❷ [あ]

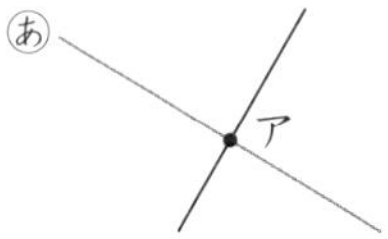

[4] ❶

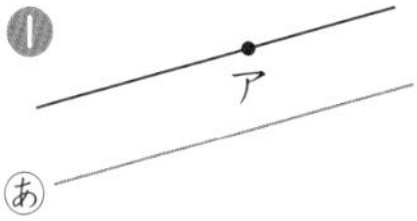

❷ [あ]

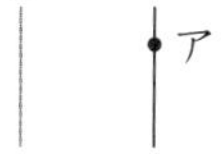

12　25・26ページ

[1] ❶㋐ 台形 ㋑ ひし形 ❷ 辺 DC

[2] ❶ 辺 AD…3cm　辺 CD…2cm

❷ 角 C…50°　角 D…130°

[3] 省りゃく

★ ★ ★

[1] ❶ 3つ　❷

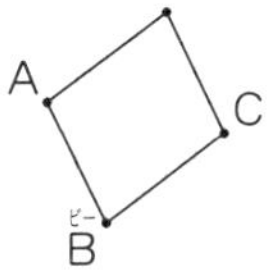

[2] ❶ 正方形　❷ 平行四辺形

❸ 長方形

[3] ❶ 台形　❷ 平行四辺形

13　27・28ページ

[1] ❶㋐ 1200人 ㋑ 1300人

㋒ 1300人 ㋓ 1100人

❷ 十の位

[2] ❶ 2300 ❷ 3300 ❸ 2000

[3] ❶ 2000 ❷ 4000 ❸ 51000

[4] ❶ 40000 ❷ 600000 ❸ 5000000

★ ★ ★

[1] 多い…27499人　少ない…26500人

[2] 2549＋3149＝5698

答え 5698円

[3] 9500以上 10500未満

[4] ❶ 1700000　❷ 49000000

❸ 400000

[5] ❶ 800、700　❷ 1400、1300

14　29・30ページ

[1] ❶ 約9万人　❷ 約6千人

❸ グラフ…折れ線グラフ

がい数…何万何千人

[2] ❶ 約12万人　❷ 約3千人

★ ★ ★

[1] 約2800円

[2] 約80g

[3] ❶ 120000　❷ 3500000

❸ 9000　❹ 200

❺ 20　❻ 1000

15　31・32ページ

[1] 500－80×4＝180

答え 180円

[2] ❶ 150 ❷ 44 ❸ 525036

❹ 94470

[3] ❶ 139　❷ 800

[4] ❶ 18、30、150

❷ 38、3、21

★ ★ ★

[1] ❶ 13　❷ 25　❸ 100

❹ 660　❺ 480　❻ 200

❼ 548109　❽ 62

[2] ❶ 137　❷ 120　❸ 882

❹ 400　❺ 14　❻ 173

[3] 275×128＝35200

答え 35200g

16　33・34ページ

1 ① 1.17L　② 0.33L

2 ㋐ 2.32m　㋑ 2.45m　㋒ 2.53m

3 ① 小数第二位（$\frac{1}{100}$の位）　② 6

4 ① 3、1、4、6　② 3146

★ ★ ★

1 ① 3.84　② 0.096
③ 5280　④ 70

2 ① 17　② 350

3 ㋐ 9.91　㋑ 9.932
㋒ 9.967　㋓ 10.005

4 ① ＞　② ＞

5 ① 436、4.36　② 91.5、0.915
③ 8.7、0.087

17　35・36ページ

1 ① 7.35　② 9.16　③ 4.81
④ 1.87　⑤ 11.35　⑥ 2.51
⑦ 2.94　⑧ 3.14　⑨ 7.6

2 ① 5.74　② 0.22
③ 0.15　④ 12.7

3 0.64＋4.57＝5.21　答え 5.21kg

★ ★ ★

1 ① 14　② 2.06　③ 7.46

2 ① 13.89　② 4.7　③ 13.71
④ 0.39　⑤ 0.94　⑥ 5.97
⑦ 9.14　⑧ 5.5

3 ① 2.13＋0.45＝2.58　答え 2.58L
② 2.13−0.45＝1.68　答え 1.68L

18　37・38ページ

1 ①
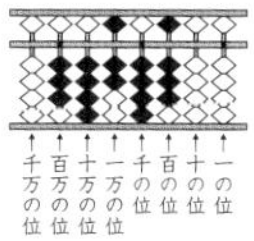

③
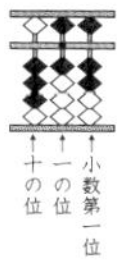

②
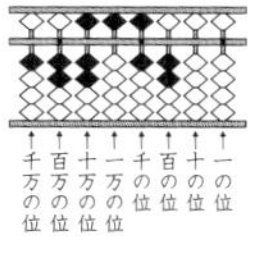

④
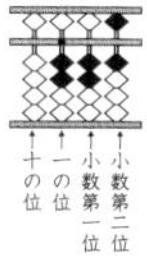

2 ① 68　② 10.9　③ 33　④ 2.2

★ ★ ★

1 ① 67　② 104　③ 94
④ 568　⑤ 0.53　⑥ 7.93
⑦ 7.16　⑧ 7.91　⑨ 70億（おく）
⑩ 59兆（ちょう）

2 ① 24　② 25　③ 99
④ 204　⑤ 3.4　⑥ 3.31
⑦ 0.92　⑧ 0.15　⑨ 20億
⑩ 21兆

19　39・40ページ

1 ㋐ 1cm^2　㋑ 1cm^2　㋒ 5cm^2
㋓ 9cm^2　㋔ 12cm^2　㋕ 5cm^2

2 ① 6×12＝72　答え 72cm^2
② 7×7＝49　答え 49cm^2
③ 6×9＝54　答え 54cm^2
④ 18×18＝324　答え 324cm^2

★ ★ ★

1 ① 23×23＝529　答え 529cm^2
② 8×12＝96　答え 96cm^2

2 90÷6＝15　答え 15cm

3 ① （15＋5）×25＝500
5×10＋15×5＝125

$500-125=375$ 答え $375\,cm^2$

❷ $16\times25-6\times8=352$

答え $352\,cm^2$

20 41・42ページ

1 ❶ $1\,m^2$ ❷ $10000\,cm^2$

2 ❶ $100\,m^2$ ❷ $1\,a$

3 ❶ $10000\,m^2$ ❷ $1\,ha$

4 ❶ $1\,km^2$ ❷ $1000000\,m^2$

★ ★ ★

1 ❶ 20000   ❷ 400
　 ❸ 30000   ❹ 5000000

2 ❶ $8\times18=144$
　　 $6\times6+(8-5)\times(18-6-6)=54$
　　 $144-54=90$　答え $90\,m^2$
　 ❷ $13\times20-6\times6=224$
　　　　　　　答え $224\,km^2$

3 $200\times200=40000$
　　　答え $40000\,m^2$、$4\,ha$

4 $5\times8=40$　　答え $40\,km^2$

21 43・44ページ

1 ❶ 180、180、720、720、7.2
　 ❷ 18、18、72、72、7.2
　 ❸㋐ 7.2　㋑ 72　㋒ 7.2

2 ❶ 7.7   ❷ 4.6   ❸ 14.4
　 ❹ 20.4 ❺ 14.1 ❻ 27

★ ★ ★

1 ❶ 2500、2500、500、500、0.5
　 ❷ 25、25、5、5、0.5
　 ❸㋐ 0.5　㋑ 5　㋒ 0.5

2 ❶ 0.6   ❷ 0.9   ❸ 2.4
　 ❹ 0.5   ❺ 0.7   ❻ 0.9

22 45・46ページ

1 ❶ 1.2   ❷ 4.5   ❸ 4.2
　 ❹ 13.8 ❺ 57.6 ❻ 87
　 ❼ 189   ❽ 60.8 ❾ 87.4
　 ❿ 418.7 ⓫ 128.8 ⓬ 246.5
　 ⓭ 3.78 ⓮ 3.4   ⓯ 9

2 $8.3\times16=132.8$

答え $132.8\,m^2$

★ ★ ★

1 ❶ 5.4   ❷ 4   ❸ 70
　 ❹ 271.6 ❺ 72   ❻ 668.8
　 ❼ 90   ❽ 178.6 ❾ 345
　 ❿ 162.5 ⓫ 176.8 ⓬ 536
　 ⓭ 14.72 ⓮ 29.46 ⓯ 31.5

2 $2.8\times31=86.8$　答え $8.68\,L$

23 47・48ページ

1 ❶ 2.1   ❷ 2.3   ❸ 1.2
　 ❹ 0.8   ❺ 1.38 ❻ 0.24
　 ❼ 0.07 ❽ 2.4   ❾ 1.9

2 $5.4\div6=0.9$　　答え $0.9\,kg$

★ ★ ★

1 ❶ 2.7   ❷ 4.4   ❸ 3.6
　 ❹ 0.9   ❺ 0.84 ❻ 0.08

2 $62.79\div23=2.73$　答え $2.73\,kg$

3 $4.9\div7=0.7$　　答え $0.7\,L$

24 49・50ページ

1 ❶ 0.8   ❷ 0.85 ❸ 2.075

2 ❶ 3.3   ❷ 0.7   ❸ 4.4

3 $8.5\div2=4$ あまり 0.5
答え 4ふくろできて、$0.5\,kg$あまる。

4 $20 \div 16 = 1.25$　答え 1.25 倍

★ ★ ★

1 $10.9 \div 9 = 1.21\cdots \rightarrow 1.2$
　　　　　　　答え 約 1.2 L

2 $40.8 \div 7 = 5$ あまり 5.8
　答え 5 本できて、5.8 m あまる。

3 $1.2 \times 8 = 9.6$　　答え 9.6 L

4 $18.5 \div 5 = 3.7$　　答え 3.7 倍

25　51・52ページ

1 帯分数…$1\frac{5}{8}$ L　　仮分数…$\frac{13}{8}$ L

2 ㋐ $\frac{1}{3}$、$\frac{3}{4}$　㋑ $\frac{9}{9}$、$\frac{10}{7}$、$\frac{7}{4}$

　㋒ $1\frac{2}{9}$、$2\frac{5}{7}$、$3\frac{5}{8}$

3 ❶ 5　❷ $2\frac{2}{7}$　❸ $4\frac{1}{5}$　❹ $7\frac{8}{9}$

4 ❶ $\frac{5}{3}$　❷ $\frac{29}{6}$　❸ $\frac{7}{2}$　❹ $\frac{13}{5}$

5 ❶ $<$　　　❷ $>$

★ ★ ★

1 ❶㋐ 6 ㋑ 2　❷㋐ $>$ ㋑ $<$

　❸ $\frac{1}{2}$、$\frac{2}{4}$、$\frac{3}{6}$、$\frac{5}{10}$

　❹ $\frac{1}{10}$、$\frac{1}{8}$、$\frac{1}{6}$、$\frac{1}{5}$、$\frac{1}{4}$、$\frac{1}{3}$、$\frac{1}{2}$

2 ❶ $\frac{2}{3}$、$\frac{2}{7}$、$\frac{2}{9}$　❷ $\frac{5}{3}$、$\frac{5}{5}$、$\frac{5}{6}$

26　53・54ページ

1 ❶ $1\frac{3}{7}\left(\frac{10}{7}\right)$　❷ 2　❸ $1\frac{3}{5}$

　❹ $3\frac{1}{6}$　❺ $5\frac{5}{9}$　❻ $\frac{4}{9}$　❼ $\frac{6}{7}$

---

　❽ $4\frac{3}{8}$　❾ $1\frac{3}{4}$　❿ $1\frac{5}{7}$

2 $\frac{5}{6} + \frac{7}{6} = 2$　　答え 2 時間

3 $1\frac{1}{5} - \frac{2}{5} = \frac{4}{5}$　　答え $\frac{4}{5}$ L

★ ★ ★

1 ❶ $1\frac{4}{9}\left(\frac{13}{9}\right)$　❷ 2　❸ $3\frac{2}{7}$　❹ 9

　❺ 1　❻ $2\frac{5}{8}$　❼ $\frac{2}{3}$　❽ $2\frac{1}{7}$

2 ❶ $\frac{4}{8} + \frac{7}{8} = 1\frac{3}{8}$ 答え $1\frac{3}{8}$ m² $\left(\frac{11}{8}$ m²$\right)$

　❷ $\frac{7}{8} - \frac{4}{8} = \frac{3}{8}$

　答え あきらさんが $\frac{3}{8}$ m² 多く使った。

27　55・56ページ

1 ❶㋐ 直方体 ㋑ 立方体 ㋒ 直方体
　❷ 6、12、8　❸ 4、2

2 ㋒

★ ★ ★

1 ❶ 6 cm　❷ 2

2 ㋑、㋒

3 【例】

28　57・58ページ

1 ❶ 垂直　❷ 4　❸ ㋐　❹ 3 組

2 ❶ ㋑の点(3の3)　㋒の点(4の1)

❷

★ ★ ★

1▸ ❶ 辺CG、辺DH、辺EH、辺FG

❷ 辺DC、辺EF、辺HG

❸ 辺AE、辺BF、辺CG、辺DH

❹ 辺AD、辺AE、辺DH、辺EH

2▸ 頂点C（7の4の5）

頂点D（0の4の5）

29　　　　　　　　　　　**59・60ページ**

1▸ ❶ 19、18、17、16、15、14、13、12

❷ □＋○＝20　❸ 7こ

2▸ ❶ □＋○＝12　❷ 1cmへる。

3▸ □×4＝○

★ ★ ★

1▸ ❶ 4、8、12、16、20、24

❷

❸ □×4＝○

❹ 60cm²　　❺ 10cm

30　　　　　　　　　　　**61・62ページ**

1▸ ❶ 9月、360mm

❷ 20℃、160mm

★ ★ ★

1▸ ❶ 約200000t

❷【例】

・外国から買った量（金がく）の方が外国に売った量（金がく）よりはるかに多い。

・外国から買った量（金がく）はあまり変化がないが、外国に売った量（金がく）は年によって差が大きい。

31　　　　　　　　　　　**63ページ**

1▸ 三十七兆六千三百二十二億千五百八万六千七十五

2▸ ❶ 281394　❷ 478028

❸ 129640　❹ 41 あまり2

❺ 5 あまり4　❻ 37

3▸ ❶ $\frac{32}{9}$　　❷ $4\frac{3}{7}$

4▸ ❶ $1\frac{4}{7}\left(\frac{11}{7}\right)$　❷ $3\frac{2}{9}$

❸ $\frac{4}{5}$　　❹ $1\frac{5}{8}$

32　　　　　　　　　　　**64ページ**

1▸ ❶ 5.74　❷ 0.15　❸ 1.84

❹ 10.92　❺ 49.56

❻ 206.7　❼ 3.9

2▸ ❶ 70°　❷ 255°

3▸ ❶ 30×30＝900

答え 900cm²

❷ 180×25＝4500　答え 45a

3 2 1 0 9 8 7 6 5 4
＊ ＊ D C B A